Nandita Mahanta

Hidrogeoquímica do bloco de Dhankauda, distrito de Sambalpur, Odisha, Índia

Nandita Mahanta

Hidrogeoquímica do bloco de Dhankauda, distrito de Sambalpur, Odisha, Índia

ScienciaScripts

Imprint

Any brand names and product names mentioned in this book are subject to trademark, brand or patent protection and are trademarks or registered trademarks of their respective holders. The use of brand names, product names, common names, trade names, product descriptions etc. even without a particular marking in this work is in no way to be construed to mean that such names may be regarded as unrestricted in respect of trademark and brand protection legislation and could thus be used by anyone.

Cover image: www.ingimage.com

This book is a translation from the original published under ISBN 978-620-2-05783-7.

Publisher:
Sciencia Scripts
is a trademark of
Dodo Books Indian Ocean Ltd. and OmniScriptum S.R.L publishing group

120 High Road, East Finchley, London, N2 9ED, United Kingdom
Str. Armeneasca 28/1, office 1, Chisinau MD-2012, Republic of Moldova, Europe
Printed at: see last page
ISBN: 978-620-7-80430-6

ÍNDICE

CAPÍTULO 1

INTRODUÇÃO

1.1 INTRODUÇÃO:

A água é o líquido mais comum na nossa terra e é vital para todas as formas de vida. Sem água, ninguém pode sobreviver neste universo. De acordo com as escrituras indianas e as ciências modernas, a vida só se originou após a formação da hidrosfera. No universo, a Terra é o único planeta onde a água está presente e que assegura formas de vida.

A água é um composto covalente de átomos de hidrogénio e oxigénio e o seu peso molecular é 18,016. O total de recursos hídricos do mundo está estimado em $1,36 \times 10^8$ mha- m (milhões de hectómetros). Destes, apenas 97% são água salgada, que se encontra principalmente nos oceanos, mares e águas subterrâneas salinas. Os restantes 2,5-2,75% são água doce.

No mundo, 70% da água é utilizada principalmente para irrigação e os restantes 22% são utilizados na indústria. Os restantes 8% da água são utilizados para fins domésticos, como beber, tomar banho, cozinhar, saneamento e jardinagem. A água está disponível geralmente nas formas sólida, líquida e gasosa. A água é um líquido incolor, inodoro e insípido, com um ponto de ebulição de 373^0 K (100^0 C) e um ponto de fusão de 273^0 K (0^0 C) a 760 mm de pressão. A água é um solvente universal.

Dois terços da superfície terrestre são maioritariamente cobertos por água. De acordo com a sua posição, a água é principalmente classificada em duas categorias:

(i) Águas de superfície

(ii) Águas subterrâneas

A água que está presente na superfície da terra é denominada água de superfície, principalmente a água do rio, a água do oceano, a água do riacho e a água do lago, etc. A água que está presente abaixo do lençol freático, ou seja, na zona de saturação, é denominada água subsuperficial ou água subterrânea. Devido ao rápido crescimento da população e da industrialização, as águas superficiais não são sempre suficientes. Nesta situação, a água subterrânea desempenha um papel vital nas actividades humanas.

Nas últimas décadas, a importância das águas subterrâneas tem vindo a aumentar devido ao rápido crescimento da população e da industrialização. Tanto nas zonas rurais como nas urbanas, a água subterrânea é um recurso hídrico importante para fins domésticos e agrícolas.

O termo qualidade indica a importância da água subterrânea e é determinado pela composição química da água. A composição química das águas subterrâneas é influenciada principalmente pelo tipo e profundidade dos solos e das formações geológicas subterrâneas, pela contribuição da atmosfera, pelas massas de água superficiais e também por factores antropogénicos, tais como: o consequente aumento da salinidade e a utilização excessiva de fertilizantes e pesticidas na agricultura e a eliminação inadequada de resíduos industriais. As alterações temporais dos factores hidrológicos e humanos, a origem e os constituintes da água recarregada podem causar alterações periódicas na qualidade das águas subterrâneas.

A gestão das águas subterrâneas é um passo muito necessário para o controlo da qualidade e da quantidade dessas águas. Principalmente a parte ocidental de Odisha é afetada pela seca devido a uma precipitação muito baixa e a uma utilização inadequada dos recursos hídricos. Em Odisha, apenas 8,42% do total dos recursos hídricos subterrâneos foram desenvolvidos. Este facto indica que existem amplos recursos inexplorados para o desenvolvimento das águas subterrâneas, que podem ser utilizados para diferentes fins.

Para determinar a qualidade das águas subterrâneas, selecciono a área de Dhankauda como área de estudo para o programa M.Phil. Para completar as tarefas acima referidas, são recolhidas amostras de águas subterrâneas e algumas amostras de águas superficiais para análise química. A presença de rochas nas proximidades dos poços também é estudada para conhecer o efeito dessas rochas na composição da água subterrânea.

1.2 LOCALIZAÇÃO E ACESSIBILIDADE

A área de estudo atual pertence ao bloco de Dhankauda, que pertence às subdivisões de Sambalpur no distrito de Sambalpur, Odisha, Índia. A área de Dhankauda situa-se a 3 km a sul da sede do distrito de Sambalpur e a 271 km da capital do estado, Bhubaneswar, a leste. A área de estudo situa-se entre as latitudes 21^0 30' N e 21^0 25' N e as longitudes 83^0 57' 30" E e 84^0 2' 30" E e é abrangida pela folha de mapa geológico da Índia n.º 64O/15 e 73C/3. Dhankauda está rodeada por Sambalpur Tehsil a oeste e Rengali Tehsil a norte.

As cidades vizinhas de Dhankauda são: Sambalpur, Burla, Brajrajnagar, Belpahar. As auto-estradas nacionais NH-6 e NH-42 atravessam a zona e a linha ferroviária da costa leste (Fig.1.3). A estação da cidade de Sambalpur e a estação ferroviária rodoviária de Sambalpur estão muito próximas da estação ferroviária de Dhankauda Tehsil. Dhankauda situa-se a 88 km da estação ferroviária de Raigarh.

1.3 CONDIÇÕES CLIMATÉRICAS:

Dhankauda e a sua área adjacente registam um clima subtropical de monção, com calor no verão e frio no inverno. A época de verão começa na 1ˢᵗ semana de março e prolonga-se até à segunda metade de junho. O mês mais agradável na região de Dhankauda é de outubro a fevereiro, altura em que a humidade e o calor são mais baixos. A zona de estudo recebe monções de sudoeste, com uma precipitação média anual de 1592,45 mm. A temperatura média anual da área é de 26 -27^{00} com um máximo de 48^0 C durante maio-junho e um mínimo de 8^0 c durante dezembro-janeiro. Durante a estação do verão, a humidade relativa da atmosfera é de 25-30% e na estação das chuvas é de 75%. A direção do vento é de norte, noroeste durante setembro-março e durante abril-agosto a direção do vento é de sul, sudoeste.

Os dados da precipitação média mensal durante o período de 2005 a 2014 são apresentados no quadro 1.1. A partir dessa tabela, verificou-se que a precipitação intensa ocorre de junho a outubro.

1.4 ÁREA E POPULAÇÃO:

O bloco de Dhankauda cobre uma área de 79,08 km2 e 88546 habitantes, de acordo com o censo de 2001. Tem 104 aldeias, incluindo 101 aldeias habitadas e 3 aldeias não habitadas. De acordo com o recenseamento de 2001, a população masculina e feminina do bloco de Dhankauda é de 45160 e 43386, respetivamente, e a população da tribo e da casta (SC) é de 22268 e 30015, respetivamente. Dos 30015 habitantes da SC, a população masculina e feminina é de 11305 e 10963, respetivamente. Do mesmo modo, da população de 22268 ST, a população masculina é de 15115 e a população feminina é de 14900.

1.5 AGRICULTURA:

A maioria das populações da zona de Dhankauda depende sobretudo da agricultura para a sua sobrevivência. A zona de Dhankauda tem um clima subtropical de monção, com boa pluviosidade e um tipo de solo que permite um excelente crescimento da vegetação e da floresta de folha caduca. As terras agrícolas utilizadas pelas populações variam de tempos a tempos. A maior parte dos dados sobre a agricultura foi recolhida principalmente no serviço distrital de estatística de Sambalpur. Durante o ano de 2010-11, 12088 hectares de superfície terrestre foram utilizados para a agricultura contra 26747 hectares do bloco de Dhankauda. No outono, foram utilizados 394 hectares para a agricultura e, no verão e no inverno, a superfície agrícola foi de 11581 hectares e 10253 hectares, respetivamente. No verão e no inverno, a produção total da agricultura foi de 604847 e 640648qtls, respetivamente. As principais culturas agrícolas da área de estudo são o trigo, o mung, o biri, o kulthi, a juta, a batata, a cana-de-açúcar e o arroz, etc. As florestas de folha caduca existentes na zona de Dhankauda são o bambu, a bahada, a manga, a harida, a teca, etc.

1.6 CONFIGURAÇÃO GEOMORFOLÓGICA

A área de estudo apresenta uma topografia irregular. Durante o ano de 2010-11, 740 hectares de superfície terrestre estavam cobertos por floresta densa. Esta zona é drenada pelo Harad Nadi, que corre de norte para noroeste e desagua no rio Mahanadi na aldeia de Govindpali. Existe também uma reserva florestal muito próxima da aldeia de Manikmunda.

1.7 ORIGEM DO PROBLEMA DE INVESTIGAÇÃO

Atualmente, o problema da qualidade das águas subterrâneas está a aumentar de dia para dia, principalmente devido à contaminação ou à exploração excessiva e à eliminação inadequada de resíduos, especialmente nas zonas urbanas. As águas subterrâneas também estão poluídas devido a factores antropogénicos, tais como: aumento consequente da salinidade, utilização excessiva de fertilizantes e agricultura. Assim, para o desenvolvimento futuro das zonas urbanas e para a proteção das pessoas, a investigação da qualidade das águas subterrâneas é muito necessária.

1.8 MÉTODOS DE ESTUDO

Ainda não existe nenhum trabalho pormenorizado sobre a qualidade das águas subterrâneas da zona de Dhankauda, pelo que esta zona foi selecionada como área de estudo. Existem vários métodos para investigar a qualidade das águas subterrâneas. Esses métodos são:

1. Recolha de dados geológicos.
2. Recolha de amostras de água
3. Trabalhos analíticos em laboratório.
4. Recolha de dados hidrológicos.
5. Representação de dados.

5.1.1 Recolha de dados hidrológicos

Os dados hidrológicos, como a precipitação média anual, foram recolhidos no gabinete do bloco, Sambalpur. Os dados relativos à precipitação são apresentados no quadro 1.1.

5.1.2 Recolha de dados geológicos:

Os dados geológicos foram recolhidos diretamente do campo e as amostras de rocha foram recolhidas das exposições rochosas da área de estudo.

5.1.3 Recolha de amostras de água:

Durante o período de pré-monção, foram recolhidas amostras de água da área de estudo em garrafas de polietileno de três tipos de fontes: 4 poços escavados, 30 poços tubulares e 1 corpo de água superficial. As amostras recolhidas foram marcadas na figura 1.4 e os pormenores são apresentados no quadro 1.2. Antes de ir para o campo, primeiro as garrafas foram limpas com água destilada, depois secas e bem fechadas. Durante a recolha de amostras de água do poço tubular, a água foi bombeada para evitar a poluição da água. Em seguida, as garrafas foram lavadas com as respectivas fontes de água. Após a recolha da água, as garrafas foram bem fechadas. As amostras de água recolhidas foram levadas para o laboratório para a análise de diferentes parâmetros químicos. Os parâmetros físicos como o pH, a temperatura, a condutância eléctrica específica (CE) e os valores totais de sólidos dissolvidos (TDS) foram medidos no laboratório seguindo alguns métodos padrão, sugeridos por Brown et.al (1974) e Hem

(1975) . As amostras de água recolhidas foram armazenadas num local fresco e seco e os seus parâmetros físico-químicos foram determinados de acordo com os métodos padrão APHA, sugeridos principalmente por (Goel), 1989; Trivedi, (1984); Vogel, (1964).

5.1.4 Trabalhos analíticos em laboratório:

Utilizando diferentes métodos, foram analisados vários parâmetros físicos e químicos, que são apresentados na tabela 1.3. Em seguida, foi efectuada a análise estatística dos diferentes parâmetros.

5.1.5 Representação de dados:

A concentração de diferentes parâmetros físicos e químicos é apresentada na tabela-3.3 e na tabela-3.4. Com base nos parâmetros, a qualidade da água foi classificada para diferentes fins, como potável, doméstico, industrial e agrícola.

1.9 BREVE REVISÃO DE TRABALHOS ANTERIORES :

Existem vários artigos sobre a limnologia dos ecossistemas fluviais, lacustres e lacustres da Índia. Ainda não existe uma análise pormenorizada da qualidade das águas subterrâneas da zona de Dhankauda. Os métodos normalizados de análise de amostras de água foram investigados por Brown et.al, (1974).

K.L Prakash et.al, (2006) estudaram a avaliação da qualidade das águas subterrâneas em Anekul Taluk, distrito urbano de Bangalore. Pradyusa Samantray et.al, (2009) efectuaram a avaliação do índice de qualidade da água em Mahanadi, rio Atharabanki, canal Taldanda na zona de Paradeep, Índia. Ratnakar Dhakate et.al, (2010) estudaram a qualidade das águas subterrâneas na zona carbonífera de Talchir, Odisha, Índia. A análise físico-química das águas superficiais e subterrâneas do distrito de Bargarh, em Odisha, foi investigada por M.r Mahananda et.al, (2010). Nilakanta Das et.al, (2011) estudaram o teor de fluoreto nas águas subterrâneas do distrito de Khurda. A avaliação do índice de qualidade da água da cidade de Bidar e da sua zona industrial do estado de Karnataka foi estudada por Sivasharanappa et.al, (2011). Kausik Kumar Das et.al, (2013) trabalharam na ocorrência de fluoreto no distrito de Balasore de Odisha, Índia. Nandita Mahanta et.al, (2012) estudaram a qualidade das águas subterrâneas para irrigação na zona de Kuchinda-Bamra, no distrito de Sambalpur, Odisha, Índia. Krishna Kumar Yadav Patel, (2012), estudou a análise físico-química de amostras seleccionadas de águas subterrâneas da cidade de Agra, Índia. Adnan Azad Karim et.al, (2013) avaliaram a estimativa do estado da qualidade da água do complexo industrial de Kalinga Nagar. Kausik Kumar Das et.al, (2013) trabalharam no índice de qualidade das águas subterrâneas no estado industrial de Balgopalpur e arredores, Balasore, Odisha. Mousumi Banerjee et.al. (2013) investigaram o estado da qualidade da água nas proximidades da cidade de Deogarh, no estado indiano de Jharkhand. Swopna Mishra et.al, (2013) estudaram a análise físico-química das águas subterrâneas perto da corporação municipal, Odisha. Rizwan Reza et.al, (2013) efectuaram a avaliação do estado da qualidade das águas subterrâneas no que respeita à contaminação por flúor na zona industrial do distrito de Anugul, Odisha. Adnan Asad Karim et.al. (2013) investigaram a avaliação da qualidade das águas subterrâneas e superficiais na empresa Vedanta Aluminium Company em Jharsuguda, Odisha e nas suas imediações. Rabindranath Barik et.al, (2014) estudaram a geoquímica das águas subterrâneas em zonas rurais e rurbanas em torno da cidade siderúrgica de Rourkela, Odisha. O estado da qualidade das águas subterrâneas ao longo dos anos na cidade de Cuttack, em Odisha, foi trabalhado por G.Sunpriya Acharya et.al, (2014). Arvind PD Pandit et.al, (2014) trabalharam na análise físico-química da qualidade das águas subterrâneas de Chaibasa, Jharkhand, com especial referência ao nitrato.

Quadro n.º -1.1
DADOS SOBRE AS CHUVAS NA ZONA DE DHANKAUDA (2005 - 2014) EM mm

YEAR	2005	2006	2007	2008	2009	2010	2011	2012	2013	2014
January	51.0	0.0	0.0	0.0	0.0	0.0	15.0	162.0	0.0	0.0
February	0.0	0.0	0.0	24.0	0.0	0.0	11.0	0.0	10.0	10.0
March	0.0	98.0	0.0	0.0	0.0	0.0	0.0	0.0	0.0	0.0
April	0.0	13.0	0.0	0.0	0.0	0.0	13.0	0.0	39.0	0.0
May	0.0	28.0	0.0	0.0	0.0	0.0	36.0	0.0	3.0	35.0
June	171.0	182.0	156.0	394.0	57.0	227.0	152.0	329.0	228.0	143.0
July	701.0	392.0	325.0	630.0	642.0	308.9	381.0	395.0	294.0	406.0
August	173.0	856.0	357.0	673.0	234.0	213.0	326.0	939.0	238.8	1082.0
September	138.0	125.0	540.0	333.0	43.0	100.0	724.0	286.0	91.80	458.0
October	108.0	40.0	47.0	4.0	70.0	96.0	14.0	106.0	223.0	37.0
November	0.00	1.0	0.0	0.0	1.0	0.0	0.0	16.0	0.0	0.0
December	82.0	82.0	0.0	0.0	0.0	0.0	0.0	2.0	0.0	3.0
TOTAL	1424.0	1817.0	1425.0	2058.0	1047.0	944.9	1672.0	2235.0	1127.6	2174.0

*FONTE: ESCRITÓRIO DE BLOCO, SAMBALPUR
Quadro -1.2

LOCAL DE RECOLHA DAS AMOSTRAS DE ÁGUA

Sample Nos.	Type of well	Location
1	Dug well	Sakrama
2	Tube well	Sakrama
3	Tube well	Sakrama
4	Surface water	Harad Nadi
5	Tube well	Dhankauda
6	Tube well	Dhankauda
7	Tube well	Dhankauda
8	Tube well	Sarlakani
9	Dug well	Sarlakani
10	Dug well	Sindurpankh
11	Tube well	Sindurpankh
12	Tube well	Sindurpankh
13	Dug well	Hutuma
14	Tube well	Takaba
15	Tube well	Govindpali
16	Tube well	Charbhati
17	Tube well	Charbhati
18	Tube well	Charbhati
19	Tube well	Sonapali
20	Tube well	Sonapali
21	Tube well	Gengatipali
22	Tube well	Mahulpali
23	Tube well	Mahulpali
24	Tube well	Tumasingha

25	Tube well	Tumasingha
26	Tube well	Tumasingha
27	Tube well	Tangerpali
28	Tube well	Tangerpali
29	Tube well	Manikmunda
30	Tube well	Manikmunda
31	Tube well	Hutuma
32	Tube well	Baraipali
33	Tube well	Baraipali
34	Tube well	Karampali
35	Tube well	Malipali

Quadro n.º -1.3

METHODS OF CHEMICAL ANALYSIS

Sl. No	Parameters	Instruments/ Methods used	Standard solutions and reagents used	Reference
1	Hydrogen ion concentration (pH)	pH Meter (CK 711 Of century Make)	Buffer solution	Brown etal., 1974
2	Specific electrical conductance (EC)	Conductivity Meter (CK 711 of century Make)	KCl[*]	Brown etal., 1974
3	Temperature	Temp. Probe (CK 711 of Century make)	KCl[*]	Brown etal., 1974
4	Total dissolved solids (TDS)	Conductivity Meter (CK 711 of Century make)	KCl[*]	Brown etal., 1974
5	Total Hardness (TH) as $CaCO_3$	Complexometric Titration	(0.01M) EDTA[*], Erichrome-black T[**] and Ammonia buffer solution[**]	Vogel, 1964
6	Total Alkalinity (TA) as $CaCO_3$	Complexometric Titration	(0.02N) H_2SO_4[*], Methyl Orange, Phenolpthalein[**]	APHA, 1989
7	Calcium (Ca)	Complexometric Titration	(0.01M) EDTA[*], NaOH solution, Murexide[**]	Brown etal., 1974
8	Magnesium (Mg)	Conversion Method		Brown etal., 1974
9	Sodium (Na)	Flame Photo Meter		Brown etal., 1974
10	Potassium (K)	Flame Photo Meter		Brown etal., 1974
11	Chloride (Cl)	Titration Method	N/50 $AgNO_3$[*], $K_2Cr_2O_4$ solution[**]	Trivedi and Geol, 1984
12	Bicarbonates (HCO_3)	Volumetric Method	(0.02N)H_2SO_4[*],Methyl Orange[**], Phenolpthalein[**]	APHA, 1989
13	Carbonates (CO_3)	Volumetric Method	(0.02N)H_2SO_4[*],Methyl Orange[**], Phenolpthalein[**]	APHA, 1989
14	Sulphate (SO_4)	Double Beam Spectro Photometers	Conditioning reagent[*] and $BaCl_2$	Trivedi and Geol, 1984

* : Solução padrão **: Reagente e reator

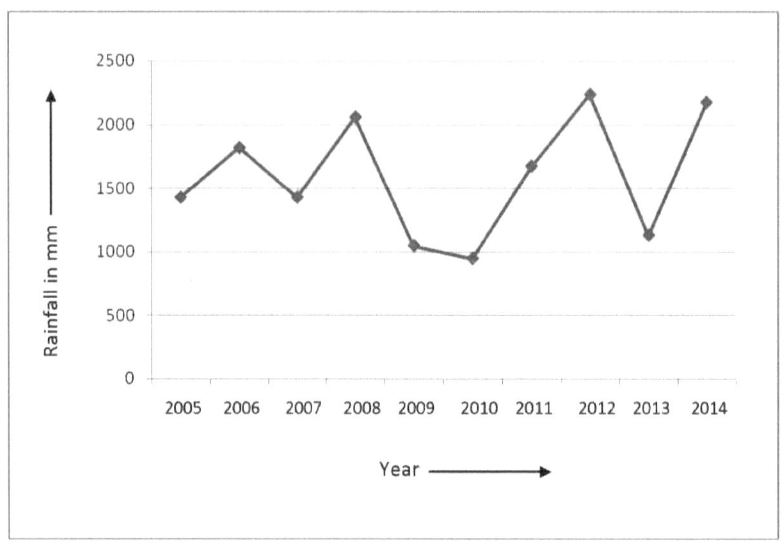

Fig. 1.1 - Gráfico de precipitação da área de estudo

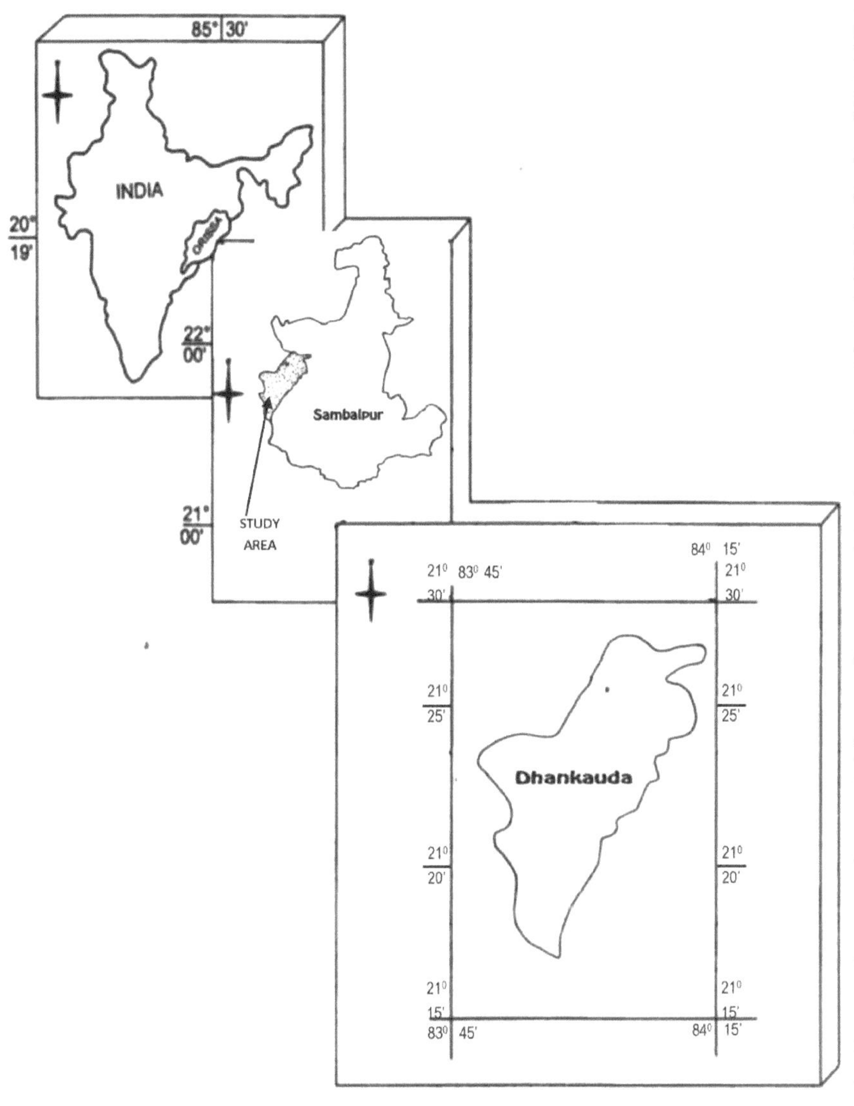

Fig. 1.2 Mapa de localização da área de estudo

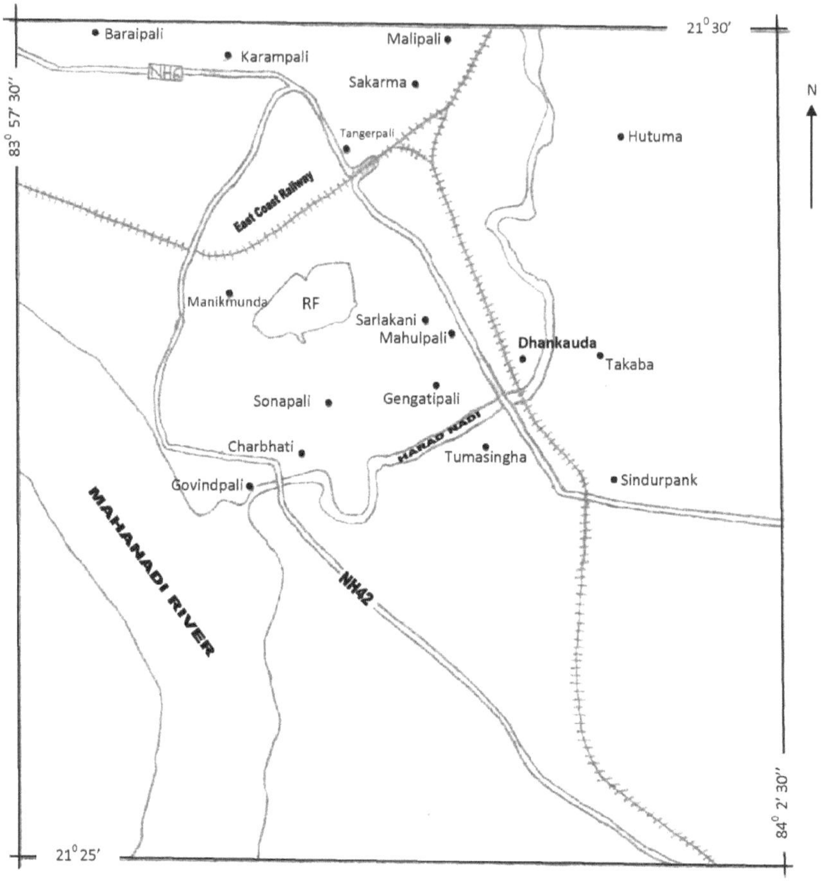

Fig. 1.3 Mapa de localização da amostra da área de estudo

Scale: 0 km   1km   2km

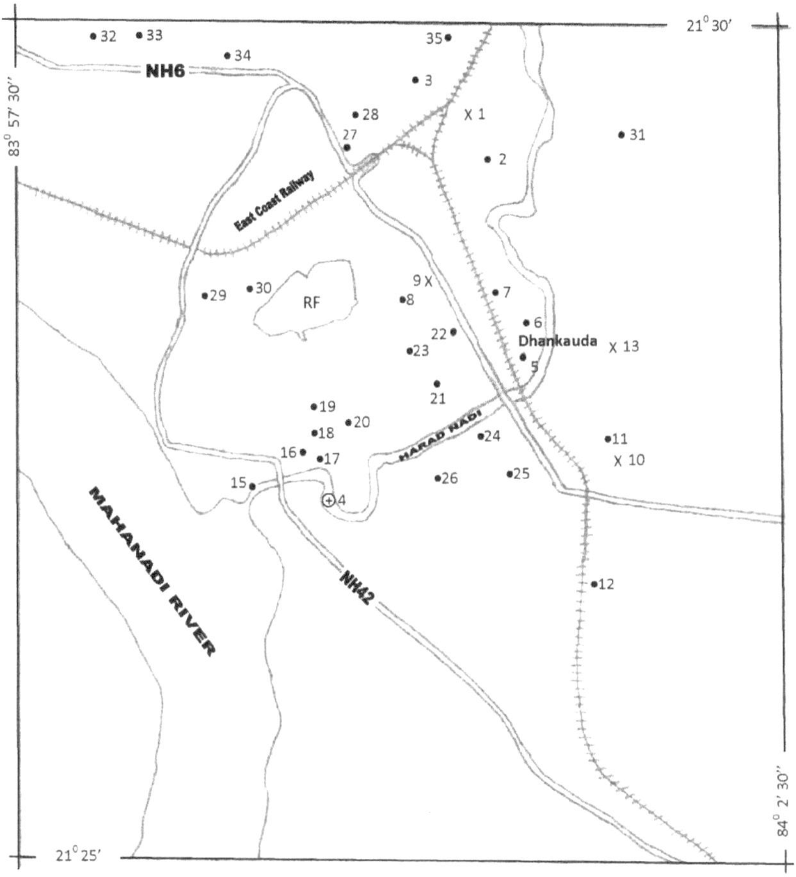

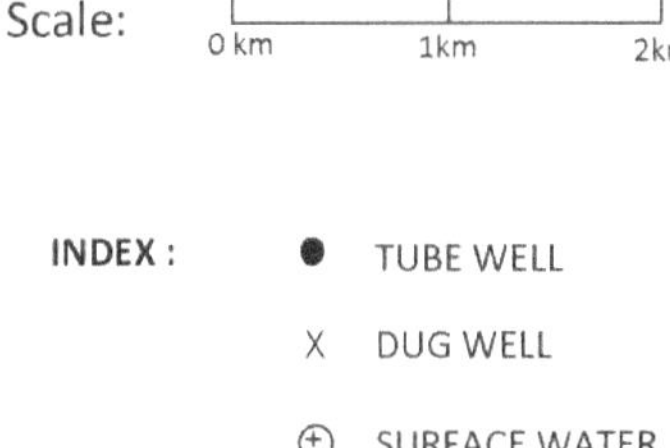

Fig. 1.4 Mapa de localização do sítio de amostragem

Scale: 0 km   1km   2km

INDEX :   ● TUBE WELL

X   DUG WELL

⊕   SURFACE WATER

CAPÍTULO - II

CAPÍTULO 2

GEOLOGIA E GEO-HIDROLOGIA

2.1 CONFIGURAÇÃO GEOLÓGICA DA ZONA DE ESTUDO:

O estudo da geologia da área de Dhankauda era muito necessário. Porque as características hidrológicas importantes, como o modo de ocorrência, a distribuição, o seu movimento, a variação do lençol freático e a qualidade das águas subterrâneas, dependem principalmente da geologia dessa zona. A estratigrafia de uma área descreve o carácter geológico e o horizonte portador de água. O estudo da geomorfologia fornece informações sobre a quantidade de água percolada e o armazenamento de água no aquífero. O estudo das características estruturais e petrográficas melhora consideravelmente o movimento da água na região superficial e subsuperficial. Os estudos de todas as características acima referidas são muito necessários para conhecer o estado hidrogeológico da área de estudo.

A atual área estudada é maioritariamente composta por granito, arenito e minerais argilosos. As rochas graníticas são de idade Arqueana, enquanto a presença de arenitos e argilominerais é de idade Gondwana.

As rochas graníticas são muito duras, compactas e resistentes. Quando as rochas graníticas são desgastadas e fissuradas, isso constitui o principal armazenamento de água subterrânea.

A água subterrânea ocorre numa condição não confinada, onde as zonas meteorológicas ocorrem a uma profundidade muito rasa, bem como a água subterrânea também se encontra numa condição confinada, onde as rochas vão ter fracturado.

O estudo de todas as características acima referidas e a idade absoluta determinada por trabalhadores anteriores foram mencionados anteriormente. Atualmente, a estratigrafia pormenorizada da área de Dhankauda ainda não está estabelecida.

2.1.1 LITOLOGIA:

Na área de estudo atual, encontram-se sobretudo dois tipos de rochas, que são principalmente de natureza cristalina. As rochas são:

(A) Granito
(B) Arenito

Descrição petrográfica
(A) Granito:

O granito é uma rocha ígnea plutónica. As rochas graníticas cobrem maioritariamente as partes principais da zona de Dhankauda. O nome desta rocha é identificado como granito devido às suas propriedades petrográficas, como a textura e o tipo de minerais presentes na rocha. As propriedades petrográficas importantes desta rocha são descritas a seguir.

À vista desarmada, os minerais identificados nas rochas graníticas são o quartzo, a ortoclase, a plagioclase, a biotite, etc.

a) **Textura:** Estas rochas têm uma textura de grão médio a grosseiro. Os grãos individuais são subédricos a anédricos e estes grãos estão muito interligados entre si. Por conseguinte, a textura pode ser descrita como holocristalina.

b) **Mineralogia:** As rochas são compostas por minerais essenciais como o quartzo, ortoclase, plagioclase, microclina e minerais acessórios como a biotite.

Minerais essenciais

1. **Quartzo:** O quartzo caracteriza-se por grãos incolores, anédricos, com baixo relevo, cor de interferência cinzenta ou amarela de ordem 1st , ausência de clivagem e carácter uniaxial.

2. **Ortoclásio:** A ortoclase apresenta-se em grãos subédricos, com baixo relevo, dois conjuntos de clivagem, extinção inclinada e cor cinzenta de interferência de ordem $1 .^{st}$

3. **Plagioclásio:** A plagioclase encontra-se em grãos subédricos e é identificada pelas suas propriedades de diagnóstico, como o baixo relevo, a extinção inclinada e a cor de interferência cinzenta de ordem $1 .^{st}$

4. **Microclina:** A microclina encontra-se em grãos disformes e é identificada como incolor, de cor cinzenta de interferência de ordem 1st com geminação em hachura cruzada.

Acessórios minerais

1. **Biotite:** A biotite é normalmente encontrada na cor amarelo palha e é caracterizada por grãos subédricos, fortemente pleocroísmo, um conjunto de clivagem, extinção paralela.

Conclusão:

Como a percentagem de ortoclase e microclina é superior à de plagioclase, a rocha pode ser identificada como "granito".

(B) Arenito:

Na região muito pequena da área de Dhankauda, encontram-se rochas de arenito. Na amostra de mão, estas rochas são leucocráticas e o seu mineral principal é o quartzo. O quartzo é identificado como tendo forma anédrica, baixo relevo, cor de interferência cinzenta de ordem 1st , ausência de clivagem.

2.2 HIDROGEOLOGIA DA ZONA DE ESTUDO:

O estudo da natureza do aquífero e do estado das águas subterrâneas da área de estudo é muito necessário para determinar a avaliação qualitativa e quantitativa dos recursos hídricos subterrâneos de uma área. A área de estudo pode ser dividida em duas categorias com base na formação geológica.

(i)   Rochas cristalinas (ou seja, rochas graníticas não desgastadas)

(ii)   Rochas moles (ou seja, sedimentos não consolidados e zonas graníticas meteorizadas)

2.3   PROPRIEDADES DE SUPORTE DE ÁGUA DAS PRINCIPAIS LITOLOGIAS:

As rochas graníticas da área de estudo são muito duras e resistentes e, por isso, não possuem porosidade primária. Para o movimento da água, estas rochas requerem uma porosidade secundária, que se forma principalmente devido à meteorização e à fracturação. As rochas graníticas intemperizadas dão origem a produtos porosos e permeáveis que são muito bons aquíferos.

Durante o período pré-monção, a profundidade do lençol freático varia de 0,89 a 10,8 metros abaixo do nível do solo. O maior potencial de armazenamento de água subterrânea é a zona confinada. O nível freático da área varia em função da topografia. A variação sazonal média do lençol freático varia de 2 a 4 metros.

CAPÍTULO 3

HIDROGEOQUÍMICA

3.1 INTRODUÇÃO:

A água é uma questão fundamental para a sobrevivência de todos os seres vivos. Sem água, ninguém pode sobreviver neste universo. A composição química das águas subterrâneas é influenciada principalmente pelo tipo de formação geológica subterrânea e por alguns factores antropogénicos, como a utilização excessiva de pesticidas na agricultura. Alguns constituintes químicos das águas subterrâneas são também introduzidos devido à precipitação e à recarga de água. Assim, a qualidade das águas subterrâneas altera-se consoante o local e o tempo. De acordo com as normas indianas, existem alguns limites para os constituintes químicos presentes na água, que podem ser utilizados para diversos fins, como beber, uso doméstico, irrigação e fins industriais.

Para conhecer a qualidade da água subterrânea da área de estudo, foram determinados diferentes parâmetros físicos, químicos e biológicos. Neste estudo, apenas foram determinados os parâmetros físicos e químicos.

3.2 AVALIAÇÃO DOS PARÂMETROS FÍSICOS:

3.2.1 Temperatura:

A temperatura é uma medida objetiva comparativa do frio e do calor e é expressa em diferentes escalas de temperatura, tais como Celsius, Fahrenheit e Kelvin, etc. Depois de recolher as amostras de água subterrânea nas garrafas de polietileno, a sua temperatura é medida diretamente por um termómetro no laboratório. A temperatura das águas subterrâneas é grandemente influenciada pela profundidade da sua ocorrência e pela estrutura geológica. Quando a água subterrânea entra em contacto com a fonte quente, a sua temperatura varia demasiado.

A temperatura das amostras de água recolhidas na área de estudo varia de 35,0 a 35,9^0 C (Tabela-3.3) e a temperatura média das amostras de água de diferentes locais foi de 35,47^0 C. (Tabela-3.2)

3.2.2 pH:

A medição do valor do pH é a atividade dos iões de hidrogénio presentes na água, que descreve se a água é ácida ou alcalina. O valor de pH da água é medido por um medidor de pH. A escala de pH mostra a intensidade do carácter ácido e básico da água a uma determinada temperatura. A escala de pH varia de 0 a 14, sendo 0,7 neutro. A água com valores de pH inferiores a 7 é ácida e superior a 7 é alcalina. O valor do pH da água natural varia entre 6,5-8,0, mas o valor do pH da água ácida é inferior a 5,5, o que é muito raro.

A lixiviação de CaCO3 no solo e com carbonato e bicarbonato de sódio também pode ser responsável por valores elevados de pH, que excedem até 8,5. A presença de outros iões, tais como cloretos, sulfatos e nitratos, não tem qualquer efeito sobre o valor do pH. Um valor elevado de pH pode também ser consequência de contaminação por minerais pesados.

O valor do pH da área estudada varia de 6,5 a 8,3 com uma média de 7,708. Este valor de pH descreve que a água da área estudada é de natureza ligeiramente ácida a alcalina.

3.2.3 Condutância eléctrica específica (CE):

O termo condutância eléctrica específica refere-se à condutância de um corpo de comprimento unitário e secção transversal unitária a uma temperatura padrão. A condutividade é expressa em micromhos/cm. No caso da água, a condutância eléctrica específica depende principalmente da quantidade de catiões e aniões presentes numa solução. A condutância eléctrica específica das amostras de água recolhidas foi determinada pelo método de cálculo. As medições da condutância eléctrica específica foram tomadas como indicação da concentração de iões. A condutância eléctrica específica da água natural varia entre 50 micro mhos/cm e 50.000 micro mhos/cm. Na água pura, a concentração de iões dissociados é muito baixa e, por isso, o seu valor de condutância é de 0,05 micro-mhos/cm. A determinação da condutância eléctrica específica é um fator importante para a adequação da água para consumo e das águas residuais para fins agrícolas.

A condutância não tem significado para a saúde, mas é um critério importante para determinar a adequação da água e das águas residuais para irrigação. A condutância eléctrica específica das amostras de água recolhidas na área estudada varia entre 360 e 3974 micro mhos/cm (Quadro 3.3) com uma média de 1073 micromhos/cm (Quadro 3.2).

3.2.4 Sólidos totais dissolvidos (TDS):

Os sólidos totais dissolvidos são a medida da concentração de todas as substâncias orgânicas e inorgânicas presentes na água em formas ionizadas, moleculares ou micro-granulares. O valor de TDS é utilizado como um indicador dos químicos solúveis presentes na água. Os sólidos totais dissolvidos contêm constituintes químicos que incluem catiões como o sódio, o potássio e o magnésio e aniões como o carbonato, o bicarbonato, o sulfato, o cloreto, o fluoreto e o nitrato. O valor de TDS da água subterrânea varia de 20ppm em áreas onde ocorrem chuvas fortes até 100.000ppm.

A contaminação da água do mar, da água industrial e da eliminação de águas residuais municipais é a principal responsável pelo elevado valor de TDS. O valor de TDS é também determinado por um fator de multiplicação de 0,64 ao valor da condutância.

O valor de TDS das amostras de água recolhidas na área de estudo é determinado pelo método de cálculo e varia de 248 a 2464 ppm (Tabela-3.3) com uma média de 690,68 (Tabela-3.2).

3.3 AVALIAÇÃO DOS PARÂMETROS QUÍMICOS:

Os parâmetros químicos importantes são a alcalinidade, a dureza total, o cálcio, o magnésio, o sódio, o potássio, os cloretos, o carbonato, o bicarbonato, o sulfato, etc.

3.3.1 Alcalinidade total:

O termo alcalinidade refere-se à quantidade de bases presentes numa solução que podem ser convertidas em espécies não carregadas por um ácido forte. A alcalinidade total foi medida titulando as amostras de água recolhidas com ácido sulfúrico (H_2SO_4) até um ponto final de pH de 4,5. Quando as amostras de água atingem um pH de 4,5, as três formas principais foram neutralizadas. Essas formas são o carbonato, o bicarbonato e o hidróxido. A alcalinidade total é expressa em mg/l. Na água doce natural, o valor da alcalinidade total varia entre menos de 5 mg/l na água macia e mais de 500 mg/l na água dura. O valor da alcalinidade total da água do mar é de 116 mg/l.

O valor de alcalinidade inferior a 100 mg/l é necessário para fins de consumo.

A alcalinidade total das amostras de água recolhidas na área de estudo varia entre 120 e 410 mg/l com uma média de 168,73. Este valor elevado representa a presença de sódio na água. (Tabela-3.4)

3.3.2 Acidez total:

A acidez total é a capacidade da água para neutralizar um ácido e é expressa em mg/l. Das trinta e cinco amostras de água, apenas três amostras de água apresentam um carácter ácido. (Tabela - 3.4)

3.3.3 Dureza total:

A dureza é a medida da capacidade da água para precipitar sabão (APHA, 1995). Para este efeito, o Ca^{2+} e o Mg^{2+} são os principais contribuintes e os pequenos contribuintes são (zinco, manganês, ferro e estrôncio). Na água natural, a dureza varia de menos de 5 a mais de 10.000 mg/l como CaCo3, enquanto que nas águas subterrâneas varia de menos de 2 a mais de 400 mg/l como CaCo3. Com base na dureza, a água é classificada em quatro categorias: água macia (0-75 mg/l, dureza), água moderadamente dura (dureza 75 a 150 mg/l) e água muito dura (>300 mg/l). Um valor elevado de dureza indica que o ponto de ebulição da água é elevado. As águas duras não são adequadas para fins domésticos devido à ação adversa do sabão. Valores elevados de dureza foram considerados como indicação de um ponto de ebulição elevado da água.

A dureza total das amostras de água recolhidas na área de estudo varia de 0 a 1525 mg/l como $CaCO_3$ com um valor médio de 249,28 mg/l. Do total de amostras de água recolhidas, 8 amostras mostram água macia, 16 amostras mostram água moderadamente dura, 4 amostras mostram água dura e 7 amostras mostram água muito dura.

3.3.4 Catiões comuns (Ca^{2+} , Mg^{2+} , Na^+ , K)$^+$

Cálcio (Ca^{2+}):-

O cálcio é um dos principais constituintes das rochas. No processo natural, as águas subterrâneas obtêm uma maior concentração de cálcio, quando as rochas silicatadas são desgastadas na presença de Co_2, que liberta mais cálcio para as águas subterrâneas. Nas águas subterrâneas, a concentração normal de cálcio varia entre 10 e 100 mg/l. O cálcio não tem efeitos perigosos para a saúde até 1800 mg/l. A presença excessiva de cálcio na água potável está diretamente relacionada com a formação de pedras na bexiga do corpo humano. Em vez de desvantagens, uma concentração muito baixa de cálcio é, de certa forma, útil para o corpo humano. A eliminação excessiva de resíduos industriais é uma boa fonte de cálcio. A concentração de cálcio é grandemente influenciada pelo equilíbrio de troca iónica e pela concentração de outros catiões. As águas subterrâneas também recebem quantidades abundantes de cálcio devido à passagem da água através dos grupos de minerais de silicato como o piroxénio, plagioclase entre as rochas ígneas e metamórficas e calcário, dolomite e gesso entre as rochas sedimentares.

Na área investigada, o teor de cálcio da amostra de água subterrânea varia de 10 a 172 mg/l com uma média de 45,44 mg/l. (Tabela-3.2)

Magnésio (Mg^{2+}):-

O magnésio é um constituinte importante de rochas metamórficas como anfibolito, tremolito, xisto; rochas sedimentares como a dolomita; rochas ígneas básicas como dunito, piroxenito e rochas vulcânicas como basalto, etc., têm a principal contribuição de magnésio para a água subterrânea. Na água subterrânea, até certo ponto, o cálcio e o magnésio comportam-se de forma muito semelhante (ao criar água dura), mas as características geoquímicas do magnésio são bastante diferentes porque os seus iões são mais pequenos do que os iões de cálcio. De acordo com o ISI (1983), o limite máximo permitido de magnésio na água é de 150 mg/l. Uma concentração muito baixa de magnésio não é prejudicial, mas uma concentração mais elevada pode ter efeitos perigosos para a saúde. O teor de magnésio da área de estudo é determinado pelo método de cálculo.

Na área estudada, o teor de magnésio nas amostras de águas subterrâneas recolhidas varia de 0 a 323,19 mg/l, com uma média de 39,62 mg/l.

Sódio (Na⁺):-

O sódio é o constituinte químico mais abundante das águas subterrâneas. A água subterrânea obtém uma concentração mais elevada de sódio devido ao influxo de água do mar nas zonas costeiras e à água contida. Se a água encontrar minerais que contêm sódio, tais como plagioclásio, nefelina, sodalita, glaucofano, egirina, etc., a água subterrânea obtém uma concentração mais elevada de sódio. A troca iónica de cálcio e sódio na superfície dos minerais argilosos recém-formados é também responsável pela contribuição do sódio para as águas subterrâneas. Nas águas subterrâneas, a concentração de sódio varia entre 1ppm em regiões húmidas e cobertas de neve. A água subterrânea em áreas bem drenadas com chuvas intensas tem menos quantidade de sódio, ou seja, 10 a 15 mg/l. A concentração mais elevada de sódio está diretamente relacionada com doenças cardiovasculares, metabolismo anormal do sódio, etc.

O teor de sódio da área de estudo é determinado pelo método de cálculo. Na área investigada, o teor de sódio nas amostras de água subterrânea recolhidas varia entre 9 e 356,5 mg/l, com uma média de 90,39 mg/l. O teor de sódio apresenta uma relação de simpatia com o valor de TDS.

Potássio (k+):-

O potássio é o parâmetro mais importante presente na água. Nas águas subterrâneas, dois factores são os principais responsáveis pela escassez de potássio. O primeiro é a resistência dos minerais portadores de potássio devido à decomposição por meteorização e o outro é a fixação do potássio nos minerais de argila formados devido à meteorização. As fontes mais comuns de potássio são os minerais de silicato intemperizados, tais como a ortoclase, a microclina, a nefelina, a leucite e a biotite nas rochas ígneas e metamórficas e a evaporite que contém silvite e nitre nas rochas sedimentares, que são os principais contribuintes de potássio para as águas subterrâneas.

Nas águas subterrâneas, a concentração de potássio é de 10 mg/l e ultrapassa os 15 mg/l.

O teor de potássio da área estudada é determinado pelo método de cálculo. O teor de potássio nas amostras de água subterrânea recolhidas na área estudada varia de 0,039 a 160,26 mg/l com uma média de 25,36 mg/l. (Tabela-3.2)

3.3.5 Aniões comuns (Cl⁻ , SO4²⁻ , CO3²⁻ , HCO3⁻)

Cloreto (Cl⁻):-

O cloreto é o principal constituinte das águas subterrâneas. Os minerais de rocha que contêm cloreto, como a sodalite e a clorapatite de rochas ígneas e metamórficas, são os principais contribuintes de cloreto para as águas subterrâneas. As águas subterrâneas recebem quantidades abundantes de água do mar e descargas de esgotos domésticos. De acordo com o ISI, o limite admissível de cloreto na água potável é de 250 mg/l. O teor de cloreto das amostras de água recolhidas na área estudada é determinado pelo método de titulação.

O teor de cloreto das amostras de água subterrânea recolhidas na área estudada varia de 0 a 425,0 mg/l (Tabela 3.6). Na área estudada, o teor de cloreto é muito menor do que o de sódio.

Sulfato ($SO4^{2-}$):-

A água subterrânea recebe iões $so4^{2-}$ quando entra em contacto com os minerais de sulfato, como o gesso, a anidrite, etc. Quando o sulfato está no estado de solução, não é afetado por adsorção ou troca iónica e é relativamente estável. Sofre uma redução na presença de matéria orgânica. Tem efeitos perigosos para os seres humanos. Se o cloreto de sódio estiver presente nas águas subterrâneas, o sulfato de cálcio pode também dissolver-se nas águas subterrâneas e contribuir com 1500 mg/l de sulfato. De acordo com as normas do ISI, os limites permitidos de sulfato são de 150 mg/l. Acima deste limite, pode ocorrer irritação gastrointestinal. O teor de sulfato das amostras de água subterrânea é determinado pelo método de cálculo.

Na área investigada, o teor de sulfato das amostras de água subterrânea recolhidas varia entre 0,048 e 1248,0 mg/l (Quadro 3.6) com uma média de 147,72 mg/l. Os sulfatos são muito menos tóxicos para as culturas do que os cloretos.

Carbonatos ($CO3^{2-}$) e Bicarbonatos ($HCO3^{-}$):-

As águas subterrâneas obtêm carbonato e bicarbonato devido a duas fontes principais. Em primeiro lugar, o carbonato e o bicarbonato podem surgir quando o gás carbónico se dissolve na água para formar ácido carbónico. A segunda fonte principal de carbonato e bicarbonato na água natural é o calcário dissolvido e outros minerais carbonatados, como a dolomite. Estes carbonatos e bicarbonatos estão a atravessar o horizonte do solo sob a forma de água subterrânea. Na área estudada, o carbonato está ausente.

O teor de bicarbonato das amostras de água subterrânea recolhidas é determinado pelo método de titulação. Na área investigada, o teor de bicarbonato das amostras de água recolhidas varia entre 61,0 e 549,0 mg/l, com um valor médio de 156,95 mg/l.

3.4 CLASSIFICAÇÃO HIDROQUÍMICA:

3.4.1 Com base no valor TDS:-

O valor de TDS é um fator importante para determinar a qualidade da água subterrânea, quer seja salina ou não.

Com base nos valores de TDS, o inquérito geológico dos EUA (Swenson e Baldwin, 1965; Wesselman e Aronow, 1971; Winslow e Kister, 1956) classificou a água da seguinte forma

Type	TDS (in ppm)	Number of samples (Out of 35)
Non saline	<1000	26
Slightly saline	1000-3000	9
Moderately saline	3000-10,000	Nil
Highly saline	10,000-35,000	Nil
Brine	>35,000	Nil

O valor de TDS das amostras de água subterrânea recolhidas na área de estudo em questão varia de 248 a 2464 ppm. A partir do valor de TDS, pode concluir-se que a água pode ser classificada como não salina (26 amostras) a ligeiramente salina (9 amostras).

3.4.2 Com base na dureza:

Com base na dureza, Twort et.al. (1974) classificou a qualidade da água em diferentes categorias, como se indica de seguida.

Hardness in mg/l as $CaCO_3$	Quality of water	No. of samples (out of 35)
0-75	Soft	8
75-150	Moderately hard	16
150-300	Hard	4
> 300	Very hard	7

O valor da dureza total das amostras de água da área de estudo varia entre 0-1525 mg/l com uma média de 249,28 ppm. A partir do valor da dureza, é evidente que as amostras de água subterrânea da área estudada podem ser classificadas como "macias a muito duras". Das 35 amostras,

8 amostras são classificadas como macias, 16 amostras são moderadamente duras, 4 amostras são duras e 7 amostras são muito duras.

3.4.3 Com base no rácio de adsorção de sódio (SAR):

O rácio de adsorção de sódio é um fator importante para estudar a qualidade da água, quer esta seja adequada para fins de irrigação ou não. O Departamento de Agricultura dos Estados Unidos (USDA) estabeleceu uma relação direta entre o sódio e o solo.

O rácio de adsorção de sódio é calculado pela seguinte fórmula.

$$SAR = \frac{Na^+}{\sqrt{\frac{Ca^{2+}+Mg^{2+}}{2}}}$$

Neste caso, o valor SAR é expresso em meq/l.

De acordo com o valor SAR, a adequação das águas subterrâneas para fins de irrigação pode ser determinada pela tabela seguinte.

Water class for irrigation	SAR value
Excellent	Upto 10
Good	10-18
Medium	18-26
Bad	>26

O valor do rácio de adsorção de sódio das amostras de água recolhidas na área de estudo varia entre 0,10 e 11,37. Assim, a água da zona de Dhankauda é classificada como "excelente" e algumas amostras apresentam uma categoria "boa" para efeitos de irriação. (Quadro - 3.7) **3.4.4 Com base na percentagem de sódio (% Na):**

Wilcox descreveu o termo percentagem de sódio como

$$\%Na = \frac{Na+K}{(Ca+Mg+Na+K)} \times 100$$

Neste caso, o valor percentual do sódio é expresso em meq/l.

Com base no valor percentual de sódio, a água pode ser classificada em diferentes categorias, que são apresentadas na tabela seguinte.

Water class for irrigation	%Na	No of samples (out of 35)
Excellent	Upto 20	3
Good	20-40	17
Permissible	40-60	4
Doubtful	60-80	10
Unsuitable	>80	1

Na área estudada, os valores de % Na das amostras de águas subterrâneas recolhidas variam entre 2,82 e 83,94 mg/l. Das 35 amostras, 3 amostras são classificadas como "excelentes", 17 amostras são "boas", 4 amostras são "permitidas", 10 amostras são "duvidosas" e 1 amostra é da categoria "inadequada" para irriação (Tabela-3.7).

3.3.6 Índice de permeabilidade (PI)
O valor do índice de permeabilidade é determinado pela seguinte fórmula.

$$P.I = \frac{Na+\sqrt{HCO_3}}{(Ca+Mg+Na)} \times 100 \text{ (Doneen, 1964)}$$

Aqui os valores do índice de permeabilidade são expressos em meq/l.

Na área investigada, os valores de P.I das amostras de água subterrânea recolhidas variam entre 25,40 e 108,0 mg/l. Apenas 8 amostras (P.I >80) se enquadram na classe III da tabela de Doneen, indicando a sua inadequação para fins de irrigação para o solo de permeabilidade média.

3.4.6 Salinidade potencial do solo (S.P.):

O valor potencial da salinidade do solo é determinado pela seguinte fórmula.

$$P.S = Cl + \tfrac{1}{2} SO_4$$

Aqui o valor da salinidade potencial do solo é expresso em meq/l.

Os valores de P.S das amostras de água recolhidas na área de estudo variam de 0,19 a 23,87 e as amostras são classificadas nas seguintes classes.

Potential soil Salinity	Class	Number of samples (Out of 35)
<5	Excellent to good	28
5-10	Good to injurious	3
>10	Injurious to unsatisfactory	4

Das 35 amostras, 28 amostras são da categoria "excelente a bom", 3 amostras são "bom a prejudicial" e 4 amostras são da categoria "prejudicial a satisfatório".

3.4.7 Carbonato de sódio residual:

O valor do carbonato de sódio residual é calculado pela seguinte fórmula.

$$RSC = (CO_3^{2-} + HCO^{3-}) - (Ca^{2+} + Mg^{2+})$$

Aqui todos os valores são expressos em meq/l.

A abundância relativa de sódio em relação ao excesso de carbonato e bicarbonato sobre a terra alcalina afecta a adequação da água para fins de irrigação. Com base nos valores RSC, a água subterrânea pode ser classificada em diferentes tipos, como se mostra de seguida.

Residual Sodium Carbonate	Class	Number of wells in each class (out of 35 wells)
<1,25	Good	30
1.25-2.5	Medium	2
>2.5	Bad	3

Na área estudada, os valores RSC das amostras de água recolhidas variam entre 0,2 e 3,8. Das 35 amostras, 30 amostras estão na categoria "boa", 2 amostras são "médias" e 3 amostras estão na categoria "má".

3.4.8 Fácies hidroquímica:

Back (1960) e Seaber (1962) propuseram um conceito de fácies hidroquímica, que representa a percentagem iónica por ordem decrescente e descreve uma informação sobre a composição química da água subterrânea.

Verificou-se que o Ca^{2+} é dominante entre os catiões e o $HCO3^-$ entre os aniões nas amostras de água da área de estudo. (Tabela - 3.8)

Depois do Ca^{2+}, o próximo catião abundante é o Na^+ e a fácies hidroquímica dominante para o catião é Ca>Na>Mg>K. A fácies hidroquímica dominante para o anião é $HCO3^- > Cl^- > SO4^{-2} > CO3^{-2}$.

Classificação trilinear de Piper

Para determinar a qualidade da água subterrânea da presente área de estudo com base nos valores meq/l dos grupos de iões principais, é também utilizado o sistema de classificação trilinear de Piper (1953). O diagrama trilinear é um gráfico muito útil para representar e comparar a análise da qualidade da água (Todd, 1995).

3.5   VARIAÇÃO VERTICAL DA QUALIDADE QUÍMICA:

Para conhecer a variação vertical da qualidade das águas subterrâneas, foram recolhidas amostras de água dos poços tubulares e dos poços escavados, que se encontram muito próximos uns dos outros na área estudada, o que é apresentado na Tabela No - 3.9.

Comparando a composição química, conclui-se que a concentração dos constituintes químicos nas águas subterrâneas dos aquíferos pouco profundos é superior à dos aquíferos mais profundos. A concentração mais elevada de sulfato pode dever-se aos efeitos da percolação de água de irrigação rica em fertilizantes sulfatados. Em alguns casos, a concentração mais elevada de cloreto nas águas subterrâneas dos aquíferos pouco profundos deve-se aos efeitos da concentração de esgotos. Além disso, a concentração elevada de quase todos os iões nas águas subterrâneas dos aquíferos pouco profundos pode dever-se à sua menor condutividade hidráulica. A maior concentração de horizontes argilosos nos aluviões e de produtos de meteorização de grão fino das rochas graníticas nos aquíferos pouco profundos pode ter resultado num maior tempo de residência da água nos aquíferos, adquirindo mais sais. Por outro lado, os aquíferos mais profundos têm uma condutividade hidráulica elevada, o que resulta numa menor concentração de sais.

3.6   MECANISMO QUE CONTROLA A QUÍMICA DA ÁGUA SUBTERRÂNEA:

Existem três factores importantes responsáveis pela química das águas subterrâneas que são adoptados por Gibb (1970), tais como a precipitação, a dominância das rochas e a dominância da evaporação sobre a química das águas subterrâneas.

No diagrama de Gibb, os valores de TDS são representados em relação aos valores de $Na/(Na+Ca)$ e $Cl/(Cl + HCO_3)$ em dois diagramas diferentes, respetivamente. Quando os valores de TDS são representados em relação aos valores de $Na/(Na + Ca)$, verifica-se que a maior parte das amostras se enquadra no campo "domínio das rochas", enquanto poucas amostras se enquadram nos campos "domínio da evaporação". (fig. 3.2)

Quando os valores de TDS são representados em relação a $Cl/(Cl + HCO_3)$, a maioria das amostras cai no campo de "dominância de rocha" (fig. 3.3). Conclui-se, assim, que a composição da rocha é o fator mais importante no controlo da química das águas subterrâneas.

3.7   CRITÉRIOS DE QUALIDADE PARA A UTILIZAÇÃO DE ÁGUAS SUBTERRÂNEAS:

3.7.1 Para beber:

No mundo, cerca de 80% das doenças são causadas por água potável de má qualidade. Para estudar a qualidade da água subterrânea para fins de consumo na área, foi adotado o padrão indiano de qualidade da água potável (ISI, 1983). O padrão indiano de qualidade da água potável, o seu efeito e a comparação com a qualidade da área de estudo são apresentados na tabela (Tabela 3.1).

Comparando com as normas de qualidade da água potável, a maior parte das amostras de água subterrânea recolhidas na área estudada estão dentro dos limites de desertificação. Portanto, são adequadas para fins de consumo.

3.7.2 PARA EFEITOS DE IRRIGAÇÃO:

Para determinar a adequação da água para irrigação, a concentração total de sais, a proporção de sódio em relação a outros catiões desempenha um papel importante.

Em solos salinos, o sal de sódio predomina normalmente devido à sua adequação. Os iões Na^+ têm tendência a ser adsorvidos no solo e substituem o Ca^{2+} e o Mg^{2+} do solo. O teor de Na^+ em relação a outros catiões pode ser expresso em termos de % Na (percentagem de sódio) e SAR (rácio de adsorção de sódio). De acordo com estes diagramas, as águas de irrigação são classificadas com base na sua condutância eléctrica específica (CE) e (SAR). De acordo com o diagrama de salinidade dos EUA para a classificação da água de irrigação (segundo Richards, 1954), o máximo de amostras tem um valor baixo de SAR e duas amostras têm um valor mínimo de SAR e, mais uma vez, duas amostras têm valores elevados de SAR, pelo que são boas para fins de irrigação. (Figura 3.4).

Wilcox (1955) classificou as águas subterrâneas com base na condutância eléctrica e na % de Na (fig. 3.5). A partir do diagrama, verifica-se que a maioria das amostras de água tem propriedades excelentes a boas para irrigação. Poucas amostras mostram "boa a admissível", seis amostras mostram "admissível a duvidosa", "1 poço escavado e 1 poço tubular mostram "duvidosa a inadequada" e apenas duas amostras de poços tubulares mostram condições inadequadas para irrigação.

Quadro n.º 3.1

NORMA INDIANA DE QUALIDADE DA ÁGUA POTÁVEL

(BUREAU OF INDIAN STANDARD)

Parameter	Highest desirable limit	Maximum permissible limit	Undesirable effect outside the desirable limit
pH	6.5-8.5	9.2	Affect mucous membrane
TDS	500	800	Gastro-intestinal disorder
Hardness	300	600	Encrustation in water supply system, adverse effect on domestic use.
Calcium	75	200	-do-
Magnesium	30	100	-do-
Chloride	250	1000	Taste,Corrosion, Palatability decrease
Sulphate	150	400	Gastro- intestinal irritation
Nitrate	45	No relax	Methono globinemia
Flouride	0.6	1.2	Flourosis

Todos os valores são expressos em mg/l, exceto o pH.

Quadro - 3.2
QUALIDADE MÉDIA DAS ÁGUAS SUBTERRÂNEAS DA ZONA DE DHANKAUDA

Parameters	Mean
Temp (^{0}C)	35.47
pH	7.708
Specific conductance (micromhos/cm)	1073
Total dissolved solid (ppm)	690.68
Total alkalinity (mg/l)	168.73
Total hardness (mg/l)	249.28
Sodium (mg/l)	90.39
Potassium (mg/l)	25.36
Calcium (mg/l)	45.44
Magnesium (mg/l)	39.62
Chloride (mg/l)	118.33
Carbonate (mg/l)	Nil
Bicarbonate (mg/l)	156.95
Sulphate (mg/l)	147.72

Quadro n.º - 3.3

PARÂMETROS FÍSICOS DAS ÁGUAS SUBTERRÂNEAS DA ZONA DE DHANKAUDA

Sample Numbers	Temp	pH	Specific Conductance (in micromhos/cm)	Total dissolved solids (in ppm)
1	35.4	7.1	2391	1483
2	35.3	8.3	443	284
3	35.7	8.23	903	560
4	35.1	6.5	487	302
5	35.7	8.0	581	372
6	35.9	8.24	543	348
7	35.8	7.4	530	329
8	35.1	8.03	457	293
9	35.2	7.98	1681	1076
10	35.6	6.6	653	405
11	35.4	8.23	551	342
12	34.7	8.13	400	248
13	35.0	7.59	393	260
14	35.3	8.21	360	263
15	35.7	8.12	401	249
16	35.1	7.5	496	309
17	35.9	7.3	3900	2418

Sample Numbers	Temp	pH	Specific Conductance (in micromhos/cm)	Total dissolved solids (in ppm)
18	35.2	7.46	3974	2464
19	35.4	7.5	3856	2391
20	35.6	8.3	1677	1040
21	35.1	7.05	1214	753
22	35.3	6.50	780	484
23	35.8	8.2	1406	872
24	35.7	8.3	2070	1283
25	35.2	8.0	1114	691
26	35.5	8.1	485.48	301
27	35.8	8.3	604.83	375
28	35.4	8.0	474.19	294
29	35.3	7.87	517	398
30	35.1	7.18	660	523
31	35.2	7.06	1488	1012
32	35.9	7.0	616	541
33	35.6	7.9	563	490
34	35.8	7.98	516	398
35	35.7	7.59	393	260

Quadro n.º - 3.4

PARÂMETROS QUÍMICOS DAS ÁGUAS SUBTERRÂNEAS DA ZONA DE DHANKAUDA

Sample Numbers	Parameters	
	Total Alkalinity (in mg/l)	Total Hardness (in mg/l)
1	410	100
2	120	95
3	225	70
4	115	10
5	100	65
6	145	75
7	145	145
8	150	120
9	225	125
10	160	10
11	12	60
12	100	50
13	110	125
14	105	115
15	148	110
16	115	10
17	95	1525
18	100	1300
19	75	1420

20	195	285
21	335	125
22	220	100
23	335	270
24	2275	265
25	215	140
26	104	76
27	176	152
28	168	160
29	70	90
30	50	80
31	450	665
32	190	215
33	225	275
34	132	172
35	110	125

Quadro n.º - 3.5
TEOR DE CATIÕES COMUNS NAS ÁGUAS SUBTERRÂNEAS DA ZONA DE DHANKAUDA

Sample numbers	Parameters			
	Sodium	Potassium	Calcium	Magnesium
1	356.5	11.72	64	14.58
2	23	10.9	38	0.0
3	117.3	15.63	28	0.0
4	19.32	15.49	34	18.225
5	77.28	7.2	20	3.64
6	71.3	6.4	10	12.15
7	16.56	6.64	40	10.93
8	22.08	8.2	12	21.87
9	290.56	15.63	40	6.07
10	41.4	0.039	42	23.085
11	20.7	7.2	46	13.36
12	22.5	6.5	34	8.5
13	27.0	3.1	32	10.98
14	21	4.2	30	9.72
15	15.73	7.8	10	23.85
16	16	11.72	31	21.22
17	196.65	19.54	78	323.19

* All the values in mg/l

18	272.41	40.65	89	312.5
19	249.22	50.30	67	290.20
20	306.08	46.90	112.50	0.91
21	136.06	50.81	27.35	13.72
22	30.36	113.36	35.42	3.05
23	112.88	160.26	49.89	35.36
24	330.64	125.08	100.00	3.66
25	112.88	113.36	37.50	11.28
26	40.3	1.6	17.6	7.68
27	33.3	10	19.2	24.96
28	8.9	1.3	25.6	23.4
29	9	0.7	20	9.72
30	27	2	20	7.29
31	41	2	172	57.11
32	36	1.2	50	21.87
33	2.1	2.8	80	18.28
34	23.8	1.8	46.4	13.66
35	37.0	3.1	32	10.98

* All the values in mg/l.

Quadro n.º - 3.6
TEOR DE ANIÕES COMUNS NAS ÁGUAS SUBTERRÂNEAS DA ZONA DE DHANKAUDA

Sample numbers	Parameters			
	Chloride	Carbonate	Bicarbonate	Sulphate
1	421.855	Nil	500.2	14.4
2	28.36	Nil	134.2	9.6
3	95.71	Nil	225.7	38.4
4	24.815	Nil	140.3	9.6
5	99.26	Nil	109.8	19.2
6	60.26	Nil	140.3	28.8
7	21.27	Nil	176.9	7.2
8	28.36	Nil	158.6	19.2
9	375.77	Nil	225.7	43.2
10	53.175	Nil	195.2	0.048
11	35.45	Nil	158.6	38.4
12	38.99	Nil	85.4	43.2
13	46.085	Nil	134.2	11.0
14	28.26	Nil	103.7	33.6
15	20.23	Nil	100.1	28.8
16	20.815	Nil	144.3	14.4
17	336.775	Nil	115.9	1248.0

Sample numbers	Parameters			
	Chloride	Carbonate	Bicarbonate	Sulphate
18	350.00	Nil	100.2	1200.1
19	320.13	Nil	95.05	1220.05
20	393.31	Nil	67.10	67.2
21	174.83	Nil	103.70	196.8
22	39.09	Nil	73.20	139.2
23	145.03	Nil	109.80	216.0
24	425.00	Nil	91.50	151.2
25	145.00	Nil	67.10	102.72
26	17.02	Nil	117.12	7.68
27	42.54	Nil	156.60	46.08
28	22.68	Nil	165.92	35.52
29	17.72	Nil	85.4	16.0
30	49.63	Nil	61	20.0
31	77.99	Nil	549	40.2
32	63.81	Nil	231.8	65.2
33	42.54	Nil	274.5	9.5
34	31.90	Nil	161.04	19.0
35	48.08	Nil	134.2	11.0

*All the values in mg/l.

Quadro n.º - 3.7

RÁCIO IÓNICO CONSIDERADO NA AVALIAÇÃO DA QUALIDADE DAS ÁGUAS SUBTERRÂNEAS

Sample number	SAR	% Sodium	Na/(Na+Ca)	Cl/(Cl+HCO$_3$)	PI	PS	RSC
1	10.47	78.20	0.82	0.58	92.26	12.05	3.8
2	1.03	40.06	0.34	0.26	85.51	0.9	0.3
3	6.14	79.68	0.78	0.42	108.0	3.09	2.3
4	0.66	27.76	0.29	0.23	58.16	0.8	-0.9
5	4.2	73.29	0.77	0.60	101.07	3	0.51
6	3.60	68.48	0.86	0.42	100.21	1.99	0.8
7	0.6	23.34	0.26	0.17	67.03	0.67	0.01
8	0.88	32.58	0.61	0.23	76.48	1	0.2
9	11.37	83.94	0.86	0.74	96.23	11.05	1.21
10	1.26	30.79	0.45	0.31	61.59	1.50	-0.8
11	0.69	24.25	0.28	0.27	58.50	1.4	-0.79
12	0.88	32.10	0.36	0.43	63.98	1.54	-0.99
13	0.10	33.15	0.51	0.37	72.20	1.41	-0.3
14	0.85	30.51	0.37	0.31	68.87	1.14	-0.6
15	0.61	26.12	0.57	0.25	62.42	0.87	-1
16	0.53	22.95	0.28	0.19	55.77	0.73	-0.93

Sample number	SAR	% Sodium	Na/(Na+Ca)	Cl/(Cl+HCO$_3$)	PI	PS	RSC
17	2.19	22.86	0.68	0.83	25.40	22.5	-28.6
18	3.05	29.90	0.72	0.85	31.23	23.87	-28.53
19	2.94	30.78	0.76	0.85	31.71	21.73	-25.68
20	7.91	71.80	0.70	0.90	75.51	11.79	-4.59
21	5.32	74.38	0.81	0.74	85.93	6.98	-0.78
22	0.13	67.57	0.42	0.47	72.51	2.55	-0.82
23	2.98	62.47	0.66	0.69	60.58	6.34	-3.6
24	8.87	76.81	0.74	0.88	79.25	13.55	-3.8
25	4.15	73.62	0.72	0.78	77.24	5.16	-1.69
26	2.03	54.24	0.66	0.2	96.01	0.56	0.41
27	1.18	35.95	0.6	0.31	68.31	1.68	-0.45
28	0.30	21.56	0.22	0.18	56.42	1	-0.48
29	0.41	18.18	0.28	0.25	35.05	0.655	-0.4
30	1.31	43.26	0.53	0.58	78.33	1.605	-0.6
31	0.69	12.09	0.17	0.19	31.69	0.83	-4.3
32	1.06	26.99	0.38	0.32	59.72	1.35	-0.5
32	0.05	2.82	0.02	0.21	39.53	0.19	-1
34	0.78	23.72	0.30	0.25	59.28	0.39	-0.8
35	1.44	40.04	0.5	0.38	75.12	0.22	-0.3

SAR: Sodium Adsorption Ratio; PI: Permeability Index; PS: Potential soil salinity

RC: Residual Carbonates

Quadro n.º - 3.8

CARACTERÍSTICAS HIDROQUÍMICAS DAS ÁGUAS SUBTERRÂNEAS DA ZONA DE DHANKAUDA

Sample Numbers	Cation Facies	Anion Facies
1	Na>Ca>Mg>K	$HCO_3^- > Cl^- > SO_4^{-2}$
2	Ca>Na>K>Mg	$HCO_3^- > Cl^- > SO_4^{-2}$
3	Na>Ca>K>Mg	$HCO_3^- > Cl^- > SO_4^{-2}$
4	Ca>Na>Mg>K	$HCO_3^- > Cl^- > SO_4^{-2}$
5	Na>Ca>K>Mg	$HCO_3^- > Cl^- > SO_4^{-2}$
6	Na>Mg>Ca>K	$HCO_3^- > Cl^- > SO_4^{-2}$
7	Ca>Na>Mg>K	$HCO_3^- > Cl^- > SO_4^{-2}$
8	Na>Mg>Ca>K	$HCO_3^- > Cl^- > SO_4^{-2}$
9	Na>Ca>K>Mg	$Cl^- > HCO_3^- > SO_4^{-2}$
10	Ca>Na>Mg>K	$HCO_3^- > Cl^- > SO_4^{-2}$
11	Ca>Na>Mg>K	$HCO_3^- > Cl^- > SO_4^{-2}$
12	Ca>Na>Mg>K	$HCO_3^- > Cl^- > SO_4^{-2}$
13	Ca>Na>Mg>K	$HCO_3^- > Cl^- > SO_4^{-2}$
14	Ca>Na>Mg>K	$HCO_3^- > Cl^- > SO_4^{-2}$
15	Mg>Na>Ca>K	$HCO_3^- > Cl^- > SO_4^{-2}$
16	Ca>Mg>Na>k	$HCO_3^- > Cl^- > SO_4^{-2}$
17	Mg>Na>Ca>K	$SO_4^{-2} > Cl^- > HCO_3^-$

Sample Numbers	Cation Facies	Anion Facies
18	Mg>Na>Ca>K	SO_4^{-2} >Cl^- >HCO_3^-
19	Mg>Na>Ca>K	SO_4^{-2} >Cl^- >HCO_3^-
20	Na>Ca>K>Mg	Cl^- >HCO_3^- > SO_4^{-2}
21	Na>K>Ca>Mg	SO_4^{-2} >Cl^- >HCO_3^-
22	K>Ca>Na>Mg	SO_4^{-2} >Cl^- >HCO_3^-
23	K>Na>Ca>Mg	SO_4^{-2} >Cl^- >HCO_3^-
24	Na>K>Ca>Mg	Cl^- >SO_4^{-2} >HCO_3^-
25	K>Na>Ca>Mg	Cl^- >SO_4^{-2} >HCO_3^-
26	Na>Ca>Mg>K	HCO_3^- >Cl^- > SO_4^{-2}
27	Na>Mg>Ca>K	HCO_3^- >Cl^- > SO_4^{-2}
28	Ca>Mg>Na>K	HCO_3^- >Cl^- > > SO_4^{-2}
29	Ca>Mg>Na>K	HCO_3^- >Cl^- >SO_4^{-2}
30	Na>Ca>Mg>K	HCO_3^- >Cl^- >SO_4^{-2}
31	Ca>Mg>Na>K	HCO_3^- >Cl^- >SO_4^{-2}
32	Ca>Na>Mg>K	HCO_3^- >SO_4^{-2} >Cl^-
33	Ca>Mg>K>Na	HCO_3^- >Cl^- >SO_4^{-2}
34	Ca>Na>Mg>K	HCO_3^- >Cl^- >SO_4^{-2}
35	Na>Ca>Mg>K	HCO_3^- >Cl^- >SO_4^{-2}

Quadro n.º - 3.9
VARIAÇÃO VERTICAL DA QUALIDADE DAS ÁGUAS SUBTERRÂNEAS DA ZONA DE DHANKAUDA

Sample No.	Type of well	P^H	EC	TDS	TA	TH	Ca^{2+}	Mg^{2+}	Na^+	K^+	Cl^-	SO_4^{2-}	CO_3^{2-}	HCO_3^-
1	Dug well	7.1	2391	483	410	100	64	14.58	356.5	11.72	421.855	14.4	0	500.2
2	Tubewell	8.32	443	284	120	95	38	0	23	10.9	28.36	6.0	0	134.2
9	Dug Well	7.98	1681	107.6	225.7	125	40	6.07	290.56	15.63	375.77	43.2	0	225.7
8	Tubewell	8.33	457	293	150	120	12	21.87	22.08	8.2	28.36	12.0	0	158.6
10	DugWell	6.6	653	405	160	10	42	23.085	41.4	0.039	53.175	0.048	0	195.2
11	TubeWell	8.33	551	342	12	60	46	13.36	20.7	7.2	35.45	31.2	0	158.6

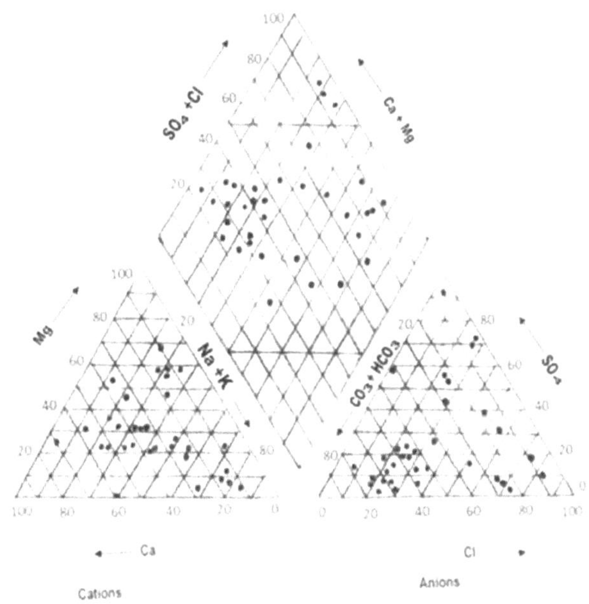

Fig. 3.1 DIAGRAMA DO TR | UNEAR DE PIPER

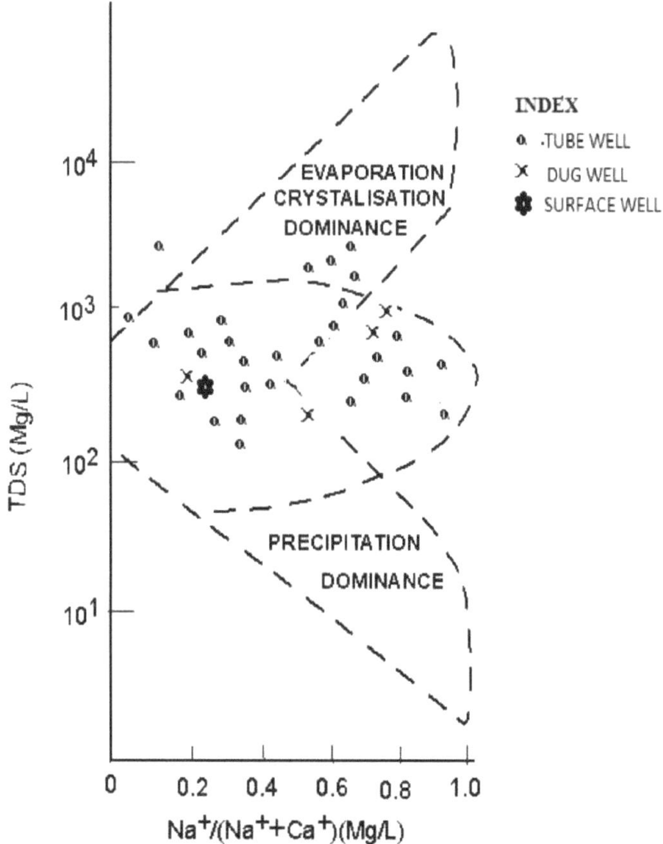

Fig. 3.2 DIAGRAMA DE GIBB

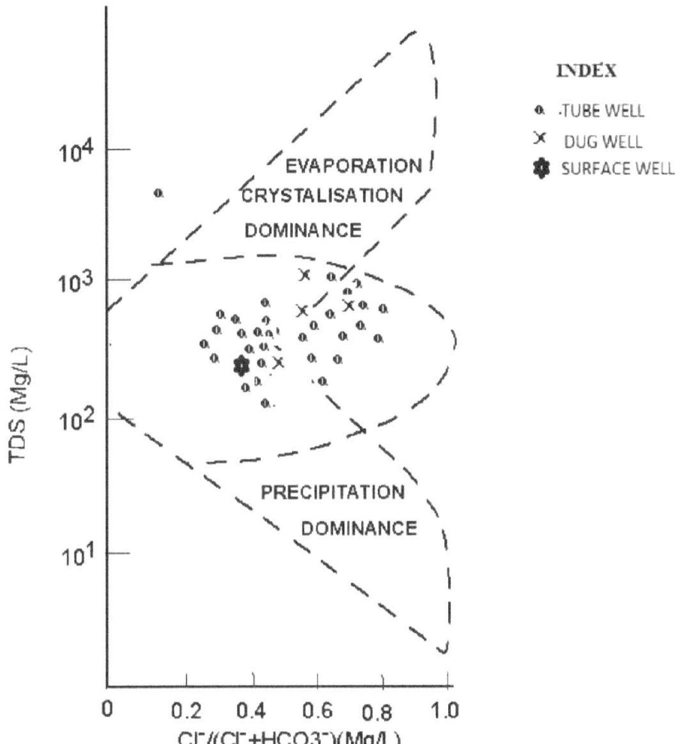

Fig. 3.3 DIAGRAMA DE GIBBS

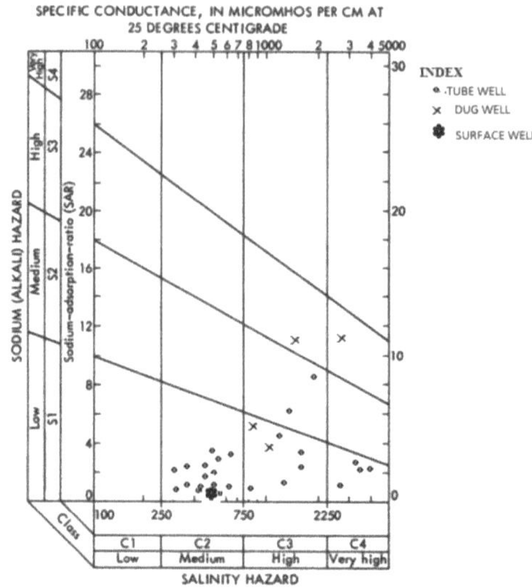

Fig. 3.4 DIAGRAMA DE SALINIDADE DOS EUA PARA CLASSIFICAÇÃO DA ÁGUA IRRIGADA **(DEPOIS DE RICHARDS. 1954)**

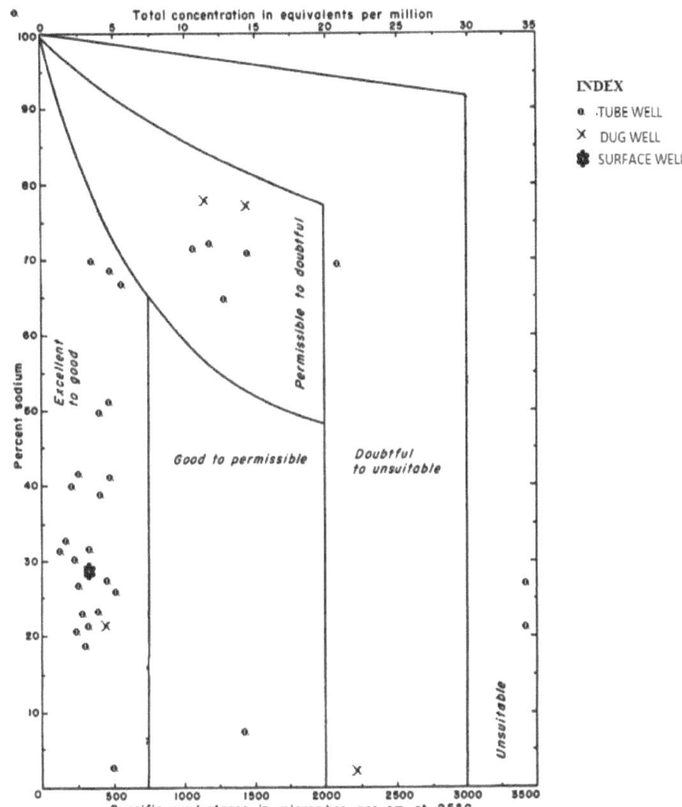

Fig. 3.5. DIAGRAMA DE WILCOX (1955) PARA A CLASSIFICAÇÃO DAS ÁGUAS SUBTERRÂNEAS EM FUNÇÃO DA CE E DA % de Na

CAPÍTULO 4

RESUMO E CONCLUSÃO

A área de estudo tem cerca de 79,08 km2 e situa-se entre as latitudes 21^0 30' N e 21^0 25' N e as longitudes 83^0 57' 30" E e 84^0 2' 30 "E e é abrangida pela folha de mapa n.o 64O/15 e 73C/3 da Índia. Dhankauda está estreitamente ligada à cidade de Sambalpur e a outras partes dos Estados pelas auto-estradas nacionais NH-6 e NH-42 e pelos caminhos-de-ferro.

A área de estudo tem um clima subtropical de monção, com calor no verão e frio no inverno, com uma temperatura máxima de 48^0 C durante maio-junho e uma temperatura mínima de 8^0 C durante dezembro-janeiro. A área de Dhankauda recebe precipitação da monção do sudoeste e a precipitação média anual é de cerca de 1592,45 mm.

Topograficamente, a área tem uma topografia suave e inclinada. A área de estudo é constituída por solos aluviais. As florestas de folha caduca são as características desta zona. Topograficamente, a área é caracterizada principalmente por planícies suavemente onduladas.

Os dados pluviométricos foram recolhidos no escritório do bloco, Sambalpur, e os dados hidrológicos foram recolhidos através da recolha de amostras de água de 4 poços escavados, uma água de superfície e trinta poços tubulares.

As amostras de águas subterrâneas recolhidas na área de estudo foram analisadas em relação a diferentes parâmetros, tais como: pH, temperatura, sólidos totais dissolvidos (TDS), condutância eléctrica específica, alcalinidade total, acidez total, dureza total, cálcio, magnésio, potássio, sódio, sulfato, cloreto, carbonato e bicarbonato.

As principais unidades litológicas da área de estudo são rochas graníticas e areníticas. As rochas graníticas são de idade Arqueana e as rochas areníticas são de idade Gondwana.

Do ponto de vista das águas subterrâneas, as rochas da área de estudo são rochas cristalinas e os depósitos superficiais, juntamente com as zonas meteorológicas, são rochas não **consolidadas/moletes.**

O estudo da qualidade da água subterrânea revela que a água subterrânea tem um valor médio de pH de 7,708, TDS de 690,68 ppm, alcalinidade total de 168,73 mg/l, dureza total de 249.28 mg/l, Na^+ de 90.30 mg/l, Cl^- de 118.73 mg/l, Mg^{2+} de 39.62 mg/l, Ca^{2+} de 45.44 mg/l, K^+ de 25.36

mg/l, HCO_3^- de 156.95 mg/l, SO_4^{2-} de 147.72 mg/l. Uma vez que todas as amostras de água se encontram abaixo do limite permitido, são adequadas para beber.

A partir do diagrama de Gibbs, verificou-se que a química das águas subterrâneas é principalmente controlada pela composição da rocha. A partir dos estudos de fácies hidroquímicas, observa-se que a fácies hidroquímica abundante para o catião é Ca>Na>Mg>K e o anião é HCO_3^- > Cl$^-$ > SO_4^{2-} .

As diferentes classificações baseadas em TDS, SAR, PS, PI, RSC, etc. e as normas indianas de água potável mostram que as águas subterrâneas da área de estudo são potáveis e também adequadas para fins de irrigação.

De acordo com o diagrama de salinidade dos EUA para a classificação da água de irrigação, todas as amostras de água são boas para fins de irrigação. De acordo com Wilcox (1955), a maioria das amostras de água enquadra-se na categoria "excelente a boa". Poucas amostras apresentam a categoria "permissível a duvidosa" e poucas amostras apresentam a categoria "duvidosa a inadequada". A zona de Dhankauda é uma zona pequena, pelo que os estudos qualitativos e quantitativos das águas subterrâneas contribuirão para a sua futura gestão.

REFERÊNCIAS

1. Achary G. S, Mohanty S. K, Sahoo R., "status of ground water quality over the years in Cuttack city, Odisha, India". J. chem. Pharm. Res., ISSN: 0975 -7384, 6(2), PP .541-550, 2014.

2. Banerjee Mousumi, Mukherjee A., "Status of water quality in the proximity of Deogarh town in the Jharkhand state of India". Indian j. sci. res., 4(2), pp.5-16, 2013.

3. Barik Rs., Pattanayak S. K, "Geochemistry of ground water in rural, rurban and urban areas in and around steel city Rourkela, Odisha, India". J. chem. Bio. Phy. Sci., ISSN: 2249 - 1929, vol - 04, no - 02, pp. 1773 - 1779, abril de 2014.

4. Behera M., "Limnological study of Ib valley area". Tese de Mestrado, Universidade de Sambalpur, 1944.

5. Behera R. K, "Quality of groundwater study at Burla town". J. of Science and Technoloy, vol.9, pp.12-17,1989.

6. Brown E., "Skougstad M.W. and Fishman M.J., "Methods for collection analysis of water samples for dissolved minerals and gases". Departamento do Interior dos EUA, Livro n.º 5, pp.160.

7. Das K. K, Panigrahi T., Panda R. B, "Ocorrência de fluoreto nas águas subterrâneas de Patripal panchayat no distrito de Baleswar, Odisha, Índia". Journal of environvent, ISSN: 2049 - 8373, Vol-01, PP.33-39, 2012.

8. Dash N., Nahak G., Sahu R. K, "Fluoride content in ground water of Khurda district, Odisha, India" [Teor de fluoreto nas águas subterrâneas do distrito de Khurda, Odisha, Índia]. World rural observations, ISSN: 1944- 6551, 3(1), PP.20-22, 2011.

9. Das K. K, Panigrahi T., Mohanty B., Panda R.B, "Avaliação do índice de qualidade das águas subterrâneas na zona industrial de Balgopalpur e arredores, Balasore, Odisha Índia". IJSER, ISSN: 2229-5518 Vol-04, PP.863-869, junho de 2013.

10. Dhakate R., Rao T. G, "Assessment of ground water quality in Talchir coal field area, Odisha, India". IJESE, ISSN: 0974-5904, Vol-03, No-01, PP.43-55, 2010.

11. ISI (Indian Standards institution) 1983: Indian standard specification for drinking water. IS: 10, 500.

12. Karim A. A., Aquatar M. O., Panda R. B., "Estimation of water quality status of Kalinga Nagar industrial complex in the district of Jajpur of Odisha, India" .ISSN:2231-4490, IJPAES, Vol-03, PP.158-164, 2013.

13. Karim A. A, Sa Manoranjan, Panda R. B, "Evaluation of ground and surface water quality in

and around Vedanta aluminum company at Jharsuguda, Odisha, India". IJCET, Vol-03, No-03, PP.829-832, agosto de 2013.

14. Mahananda M. R., Mohanty B. P.,Behera N., "Physico-chemical analysis of surface and ground water of Bargarh district, Odisha, India". IJRRAS, 2(3), PP. 284-295, março de 2010.

15. Mahanta N., "Hydrogeochemistry of Attabira area, Bargarh district, Odisha". Trabalho de dissertação de mestrado, Universidade de Sambalpur, pp.68, 2003.

16. Mahanta N., Sahoo H. K, "Avaliação da qualidade da água subterrânea para irrigação na área de Kuchinda Bamra no distrito de Sambalpur, Odisha". IJESE, ISSN: 0974-5904, vol -05, No-05, PP.1229-1234, outubro de 2012.

17. Mishra S., Mohanty S. K, Rout S. P, "Physico-chemical analysis of ground water near municipal solid waste dumping site in Bhubaneswar municipal corporation Odisha". IJPAES, Vol-03, PP. 87-92, 2013

18. Naik A. e Naik P.K., "Petrography and geochemistry of amphibolites of Sambalpur, Odisha". Indian j. Earthsciences, vol.22 (3), PP.90-96.

19. Pandit A. P, Sinha V., Kumar N., "Assessment of physic-chemical analysis of ground water quality of Chaibasa, Jharkhand with special reference to nitrate". J. Chem. Sc., Vol-04, pp.1-69, Jan 2014.

20. Pandey R. K., "Nature of aquifer and ground water quality of Hirakud town, Sambalpur, Odisha". Trabalho de dissertação de mestrado, Universidade de Sambalpur, PP.64, 1998.

21. Prakash K. l, Somashekar R. K, "Assessment of Anekul Taluk, Bangalore urban district India", Journal of environmental biology, 27(4), PP.633-637, outubro de 2006.

22. P. Mote Sudhakar and A. Mahajan Hemant, "Physico-chemical analysis of drinking ground water in Varangaon region, district Jalgaon, Maharashtra, India". J. Chem. Sci., ISSN: 2231-6061, Vol-3(8), PP.83-85, agosto de 2013.

23. Pattanaik A.K., "Nature of aquifer and groundwater quality of Burla town, Sambalpur, Odisha". Trabalho de dissertação de mestrado, Universidade de Sambalpur, PP.73, 1997.

24. Rao S., Rao N.K., "Intensity of pollution of groundwater in Vishakhapatnam area, A.P". Indian J. Geol, vol.36.s

25. Reza R., Singh G., "Ground water quality status with respect to fluoride contamination in industrial area of Anugul district , Odisha , India" .Ind. J. Sci. Res. And Tech., 1(3), PP.54-61, 2013.

26. Samal B., "Hydrogeochemistry of Bargarh town, Odisha". Trabalho de dissertação de mestrado, Universidade de Sambalpur, PP.64, 2002.

27. Samantray P., Mishra B. K, Panda C. R, Rout S. P, "Assessment of water quality index in

Mahanadi and Atharbanki rivers and Taldanda canal in Paradeep area, India". J. Hum. Ecol., 26(3), PP.153-161, 2009.

28. Sivasharanappa, Srinivas P., Huggi M. S, "Assessment of ground water quality index of Bidar city and its industrial area, Karnataka state, India". Ind. J. Env. Sc., Vol-02, No-02, PP.965-976.

29. Yadav K. K, Gupta N., Kumar V., Arya S., Singh D., "Physico-chemical analysis of selected ground water samples of Agra city, India". RRSAT, Vol.4 (11), PP.51-54, 2012.

I want morebooks!

Buy your books fast and straightforward online - at one of world's fastest growing online book stores! Environmentally sound due to Print-on-Demand technologies.

Buy your books online at
www.morebooks.shop

Compre os seus livros mais rápido e diretamente na internet, em uma das livrarias on-line com o maior crescimento no mundo! Produção que protege o meio ambiente através das tecnologias de impressão sob demanda.

Compre os seus livros on-line em
www.morebooks.shop

info@omniscriptum.com
www.omniscriptum.com

Printed by Books on Demand GmbH, Norderstedt / Germany